改造我的牛仔褲

jeans Girl

舊衣變新‧變閃亮‧變小物！

施育芃 著

朱雀文化

jeans girl

服裝改造自己來

當舊牛仔衣&褲碰上創意改造，會擦出怎樣的新鮮火花呢？

無論是閃亮亮的嬉哈風格或是充滿浪漫感的蕾絲公主風，又或者充滿個性的包包以及居家小物，都可以利用特殊設計來讓穿膩的舊衣變的更有造型！

聰明地利用奔放的手繪顏料、氣質風蕾絲及Bling Bling的燙鑽等等改造用小物，不露痕跡地改造出富有玩樂氣氛的創意穿著，青春洋溢中還帶有一股令人熟悉的俏皮可愛，大膽展現與眾不同的酷炫風采。

一個個服裝改造的美麗奇蹟，正等著你的巧手實現！

序 生活因為手工創作而有趣！

生日的這天，我收到了總編莫小姐的email！在幾番波折當中，我的第二本手工創作書寶寶終於確定要誕生了！

從服裝設計師轉入教職工作的過程之中，我總是秉持著「設計」可以多元變化，所有的創作可以個性亦柔美，時尚又童趣，細膩而豐富；我也深信生活中有太多物品可以拿來當創作的靈感來源！無論是布料或是珠飾，不同的素材可以創作不同風格的作品。生活也因為這些手工創作而變的更有趣！而我也一直希望創作可以成為每個人生活的一部分，手工創作更是個人嘗試設計的入門方法！

在多年的時尚設計相關教學經歷磨練下，我開始於文化大學推廣教育部教授 DIY 系列的課程，也在2006年夏天，用心開啓了Color Deco手創時尚工作坊。這樣的一個空間，是希望能讓更多人嘗試創作的樂趣！藉由自己的雙手及巧思，你也可以創造出屬於自己的風格！就像是我在完成這本書的時候，也非常驚喜，原來我也能夠做出這種清新可愛的風格！

完成這本書的同時，我要感謝的人真的太多了，除了朱雀的夥伴之外，還有一群很重要的人：亮先生、施媽媽，感謝你們精神上的大力支持，素容姊姊，你的積極詢問是我的動力之一！曉慈同學，謝謝你的友情支持！妙妮同學，謝謝你對這本書的幫忙，相信未來的你一定可以更活出自己！可欣同學，感謝你的巧手，讓這本書生色不少！文化大學推廣教育部的曉露主任以及同仁，還有所有曾經參加過我的課程的同學們，也期待大家都能夠擁有美好而充滿創意的生活。

施育芃
Phyllis Shih

contents

目錄

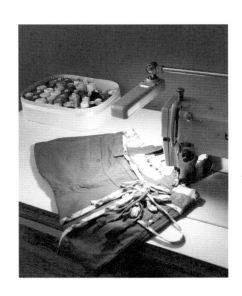

時尚方程式

01

∴ 破破潑漆牛仔裙 ∴

難易度：★☆☆

平易近人的隨性風格，總是最受歡迎
的！一點都不刻意的潑漆圖案，加上
自然感滿點的造型裙，是兼具可愛與
時髦的款式。

準備材料：牛仔裙 手繪顏料 畫筆

做法見P.60

02

∴碎花荷葉小短裙∴

難易度：★★☆
充滿粉嫩柔和春意盎然的碎花布，做
成荷葉邊的款式加到裙擺上，多層次
的搭配帶出青春活力感！
準備材料：短褲 碎花布

★做法見P.61

wave
your skirt
裙襬搖搖

the stag
驛站

03

★做法見P.62

∴∵麂皮流蘇短裙∴

難易度：★★☆

使用自然的素材，做成經典的款式，女孩的裙可
以更帥氣！西部風的麂皮流蘇，挑戰了既定的甜
美女孩印象，這樣的款式無論搭配靴子或是高跟
鞋，都很適合！

準備材料：牛仔長裙 麂皮流蘇 釘釦 麂皮花邊
金屬釦洞

04

鄉村風蛋糕短裙

難易度：★☆☆

柔和甜美的鵝黃色蕾絲花邊，散發出充滿春意的甜美氣息，把鄉村氣息感的蛋糕裙點綴的輕盈清新，讓心情愉悅了起來！

準備材料：蛋糕裙 窄版蕾絲

★做法見P.63

summer
舞動陽光 *dance*

05

手繡花朵牛仔褲

難易度： ★★☆

甜美俏麗的花開了！一朵朵手工精緻的繡花，呈現出細緻的小女人風，讓自己的丹寧造型更添柔美的韻味！

準備材料： 牛仔褲 繡線 亮片 小珠珠

法見P.64

幸福花朵朵

*swing
in the garden*

花園盪鞦韆

06

小花朵朵牛仔褲

難易度： ★☆☆

粉嫩的小花洋溢著春天的色彩，甜美的休閒感洋溢，不論約會或是出遊都很實搭！

準備材料： 牛仔褲 彩色織花片 花型鈕釦 葉子裝飾片 繡線

★做法見P.65

pure love

白色戀曲

07

蕾絲花邊牛仔褲

難易度：★☆☆

白色的寬版蕾絲，細緻的花朵點綴期間，為樸素的牛仔褲增添許多清新感，讓單純的牛仔褲改頭換面成為獨一無二的專屬設計褲款。

準備材料：牛仔褲 寬版蕾絲

★做法見P.66

unknown
未知數 element

08

漂染牛仔褲

難易度：★★☆

透白的漂染，呈現明亮的色調，空氣中凝結了一
股恬靜的氛圍。自然好品味的丹寧，漂出透白的
色澤，隨意落下的葉子也成了裝飾的一部分！

準備材料：牛仔褲 漂白水 葉片型繡片

★做法見P.67

15

rainy
day 淡藍色雨季

09

∵ 潑漆羽毛腰飾牛仔褲 ∴

難易度：★☆☆

別出心裁的潑灑出圖案，強烈地表達獨特的
個人魅力，別上羽毛珠鏈，更能展現帥氣個
性的鮮明風格。

準備材料：牛仔褲 手繪顏料 羽毛品飾 珠
飾腰鍊

做法見P.68

secret of the
smile

芙顏的秘密

smile

1

:: 燙鑽牛仔褲 ::

難易度：★☆☆

藏在後口袋處的亮眼鑽飾增添趣味，小小的點綴帶出華麗感，讓你成為街頭上的焦點人物！

準備材料：牛仔褲 燙鑽鋁片 抗熱貼紙

★做法見P.69

modern
INca

摩登印加

11

∴:民族風九分褲:∴

難易度：★★☆

民族風總能呈現女孩們個性的另一面，
不但是每季都會流行的款式，夏天搭夾
腳涼鞋、冬天配靴子，怎麼看都是人群
中的焦點。

準備材料：牛仔褲　民族風織帶數條
兔毛條4呎

★做法見P.71

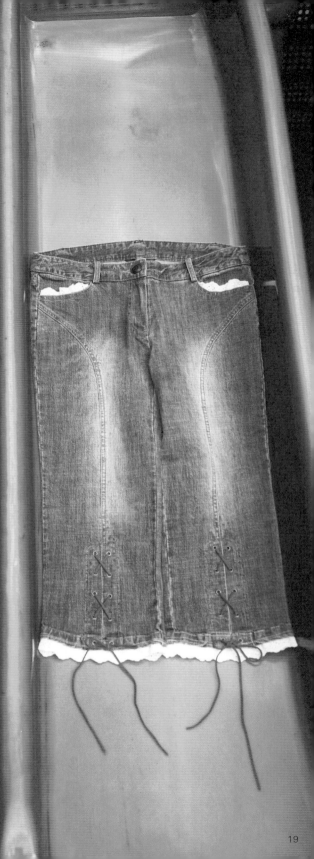

rock
搖滾泡泡
girl

12

:∵: 蕾絲七分褲 :∵:

難易度：★★☆

蕾絲與金屬的相遇，在牛仔褲上意外的和
諧！這種充滿衝突感的結合，呈現出自然不
造做的模樣，令人好感度大增！

準備材料：牛仔褲 蕾絲 金屬釦洞 麂皮繩

★做法見P.72

∴ 條紋口袋褲 ∴

難易度：★★★

完美呈現出低調的時髦感，把喜歡的丹
寧褲，加上一點條紋布塊，不但率性又
有女人味，更帶著一點可愛感。

準備材料：條紋布料 短褲

★做法見P.73

13

元氣滿點

1. 2003年大學時代作品：
　　「幾何布塊的變化」
2. 2003年林志玲穿著設計服飾：
　　「香港服裝展」謝幕
3. 2003年2004年作品「東方牡丹」
4. 大學時期學畫服裝畫

1

2 3

關於創作這條路……

對於藝術的熱愛，我想是從小就開始的吧！

這份熱情到了大學時期還是持續著，當時考上社會工作學系的我，因著對設計的熱愛，於是轉到服裝設計系就讀，也開始了我的創作生涯！

服裝系時期的學習對我影響非常大，除了學會怎麼設計製作服裝之外，也發現了其實只要是與布料相關的物品，幾乎都可以從我手中變出來！因此除了服飾之外，還有包包、家飾、配件等等，都是我的手工創作的範圍！這也影響了我往後的創作路程。學生時代獲得最大的鼓勵應該是大四的那年奪得了台灣服裝設計新人獎的第一名，也讓我對創作更有自信。

畢了業後，自然而然的從服裝設計小助理做起，舉凡大大小小的雜事都是我的工作範圍，也算是非常的幸運，很快的我就當上了正式的設計師，而中間辛苦的過程也只有自己可以了解！如果這本書的讀者有人想從事服裝設計這條路，我可要先提醒大家，真的是非常辛苦喔！

Cést moi
就是我

14

::蝴蝶結襯衫::

難易度：★☆☆
沒有甚麼圖案比蝴蝶結更討人喜歡的了！想在專業中帶一點親近感，動動手把蕾絲緞帶打成蝴蝶結後縫上桃紅色的亮眼襯衫，呈現下班時間也令人期待的成熟風造型，流行感馬上出現！

準備材料：桃紅色襯衫 黑色蕾絲

★做法見P.75

:: 橘色亮麗背心 ::

難易度：★☆☆

以熱情的橘黃色來迎接即將到來的夏天，巧妙的利用透明感珠飾以及木質的鈕扣帶出夏日氛圍的元氣系造型，心情似乎也跟著活躍起來！

準備材料：小珠珠 鈕釦

15 ★做法見P.76

inscrutable

不思議盛夏

summer

fly
away
我要飛

16

∵繡片牛仔外套∵

難易度：★☆☆
翅膀模樣的繡片，加上些許玻璃珠與亮片，彷彿置身陽光下，幸福的快要飛起來！簡單的設計運用在平凡無奇的牛仔外套上，增添亮麗精緻的風格感。

準備材料：牛仔外套　繡片　亮片

★做法見P.77

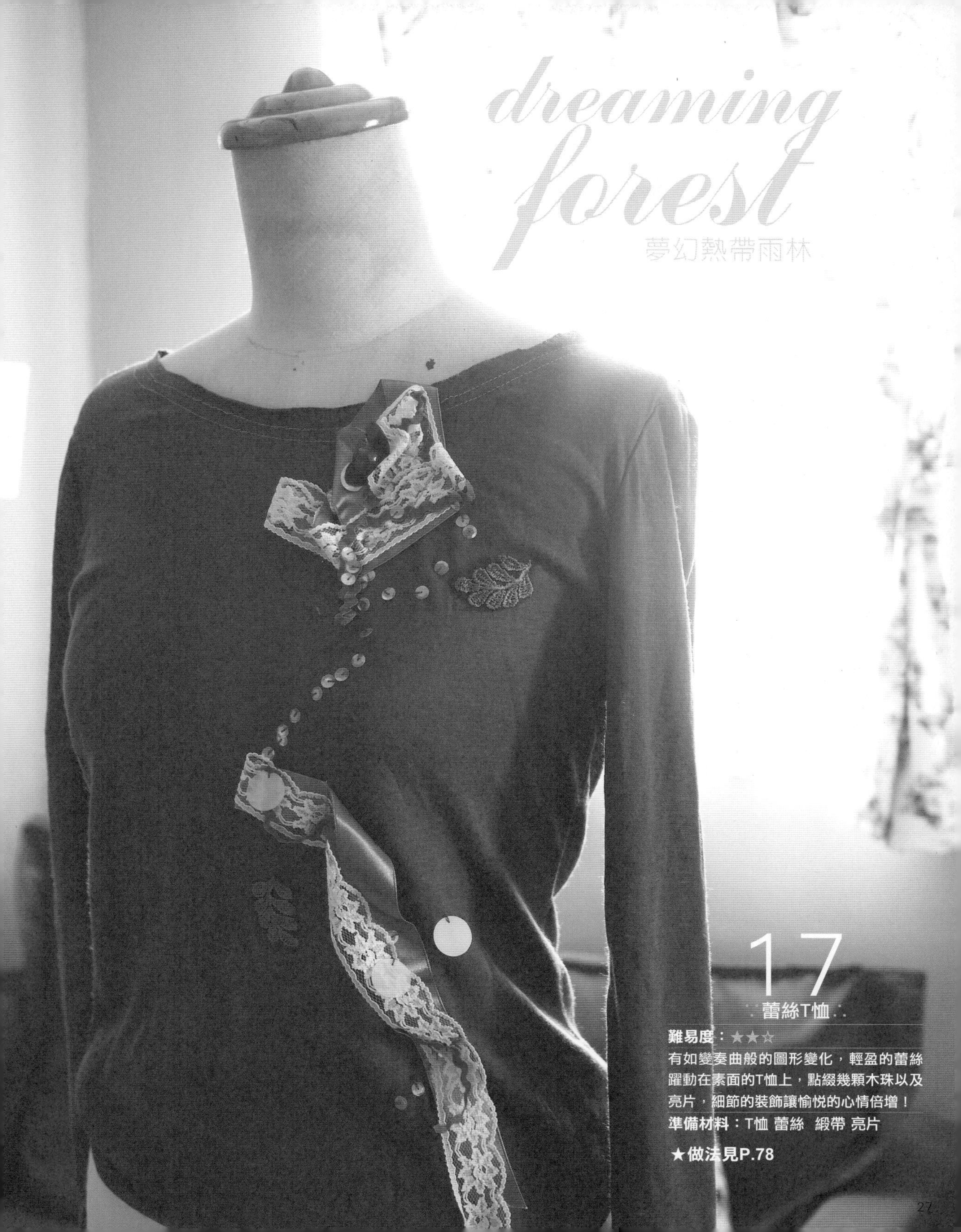

dreaming forest

夢幻熱帶雨林

17

蕾絲T恤

難易度：★★☆

有如變奏曲般的圖形變化，輕盈的蕾絲躍動在素面的T恤上，點綴幾顆木珠以及亮片，細節的裝飾讓愉悅的心情倍增！

準備材料：T恤　蕾絲　緞帶　亮片

★ **做法見P.78**

18

﹕兔毛邊俏麗背心﹕

難易度：★★☆

長袖的短版外套常感覺不易搭配，不如改成
俏麗的背心，搭長褲短裙都顯得俐落可愛！
將兔毛換成蕾絲花邊也是不錯的改造喔！若
能搭上一個別緻的胸針，感覺更活潑。

準備材料：牛仔短版外套 兔毛條4～6呎

★做法見P.79

sunny
holiday
陽光假期

sweet

櫻花樹下的約定

date

19

∴ 紅色小花牛仔外套 ∴

難易度：★★★

紅色碎花圖案讓丹寧顯的活潑，復古懷
舊的袖口點綴是引人注目的重點，帶點
東方風味的設計讓整體感更有個性！

準備材料：牛仔外套 紅色碎花布

★ 做法見 P.89

20

水鑽金屬釦洞十字架外套

難易度：★★☆

人氣指數百分百，參加演唱會的時候就穿上
它吧！丹寧遇上龐克，點綴華麗十足的水晶
鑽，襯托出個性的美感！

準備材料：水晶燙鑽　耐熱貼紙　尖嘴鑷子
金屬釦洞用具　熨斗

★做法見P.82

搖滾NANA *rock nana*

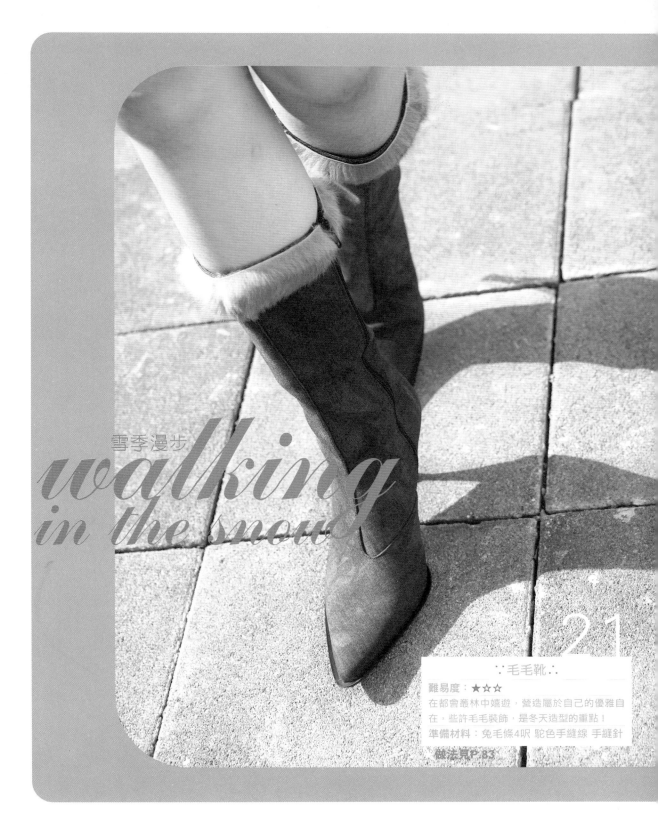

雪季漫步
walking in the snow

21

⋰ 毛毛靴 ⋱

難易度：★☆☆

在都會叢林中嬉遊，營造屬於自己的優雅自在，些許毛毛裝飾，是冬天造型的重點！

準備材料：兔毛條4呎 駝色手縫線 手縫針

做法見P.83

花漾
ripplet

22
∴ 珠珠牛仔花飾 ∴

難易度：★★☆

利用這樣的成熟風小物，讓心
情轉換的更雅緻，最喜歡的丹
寧布造型，也可以搭配的比平
常更有女人味！

準備材料：牛仔布 蕾絲緞帶
1呎 珠花飾品 別針

★做法見P.84

into my

夏日的邂逅

heart

23

···木珠腰帶··

難度：★★☆

民俗風的綁帶腰帶，搭配牛仔褲展現隨性的民俗風，不會太甜美，不會太性感，這種剛剛好的異國情調，MIX & MATCH 出獨特的自我風格。

準備材料：牛仔褲 木珠 小珠珠 緞帶 棉繩 金屬釦洞

★做法見P.86

1.不同於一般的印象，希臘其實也有很多的暖色系建築物，結構都很特別喔！

2.泰特現代美術館—模擬的室內氣象太陽，真的很令人感到震撼喔！

3.倫敦的百貨櫥窗，我總共照了上百張，每一張都呈現出不同的風貌！這一張是聖誕節的裝飾，雪人一大堆～

4.英國的傳統食物—我個人很喜歡吃的炸魚+薯條，怎麼樣，看起來很美味吧！

5.超級大碗公的中餐店，看看旁邊的炸春捲，就可以知道這碗麵有多大碗！

6.我的母校—溫撒斯特藝術學院，非常非常的喜歡這裡的環境！

關於英國的求學過程……

決定到英國繼續念書,是從大學時期就一直有的想法。

出了社會之後,發現自己喜歡的布料多半是印花圖案的居多!設計的服裝也多選擇印花布料,於是決定提起行囊前往英國進修印花設計。

剛到英國開始幾個月,我幾乎都是不斷的在畫圖!大朵大朵的花朵,細緻的葉脈,甚至洋蔥切面的每個構成都是畫作的範圍……,一直到開始印製布料的時候,這些畫作都成了我設計的靈感來源!也讓我養成隨手畫下身旁的小東西的習慣,而這些小東西也成了我設計時的參考資料,讓我能夠源源不絕的擁有靈感!

當時除了唸書之外,我也利用假期遊遍了英國,更用少少的錢去了巴塞隆納看高地,到巴黎與柏林自助旅行,也到了希臘的小島租了奇形怪狀的超難騎摩托車找古蹟。這些經歷到現在仍讓我印象深刻,每個城市我習慣待上一個星期左右,去感受那裡的生活,也可以從當地人們的生活中看到每個城市的真實面貌,這些經歷至今都還在深深的印在腦海裡,隨時想起來都還是很開心呢!

when
stars meet
hearts

24

褲管圍巾

難度：★★★

心型設計的款式在市面上相當多，結合
單寧，更能展現俏麗感！ 這樣的可愛造
型絕對使妳擺脫平凡感，散發動人無比
的魅力！

準備材料：牛仔長褲 毛衣 牛仔碎布
亮片 緞帶4呎

★做法見P.87

∴學院風格紋提包∵

難易度：★★☆
實用又方便的雙面提袋，將綠色
牛仔褲、格紋裙拼接在一起縫製
而成，做法容易上手又實用可
愛，相信帶著它跟朋友出去玩，
一定可以成為焦點的！
準備材料：綠色牛仔褲 格子裙
★做法見P.89

day
journey
我要去旅行

joy joy!

我的快樂感

26

∵ 牛仔褲側邊提袋 ∵

難易度：★★☆

度假感十足的手提袋，充滿了年輕的活力！而休閒風的裝扮，最適合提著它到處遊玩。是讓整體造型更加分的襯托單品！

準備材料：牛仔褲

★做法見P.91

oh my
little bear

熊出沒注意

27

.:. 口袋護照包 .:.

難易度：★★★

牛仔褲的口袋變身小提袋，一顆
顆彩色珠珠像糖果般的灑落，加
上藏身在口袋裡的小熊，帶著
它，展現出甜美的一面！

準備材料：牛仔褲 拉鍊 緞帶一
小段 彩色小珠 小熊木釦 金屬
鈕洞 現成鍊條

★做法見P.92

小花朵朵化妝包

難易度 ★★☆

搭配春天氣息的小花包，最適合
拿來放置心愛的小物。和諧的綠
色系帶來自然的幸福感，粉紅搭
配牛仔，配上搶眼的水晶令人驚
艷，有著羅曼蒂克的可愛感！

準備材料：綠色系牛仔褲 印花
布 繡線 熨燙鋁片

★ 做法見P.93

circling
幸福小花園

blooming

花開了

29

小花書套

難易度：★★★

手工感的柔和，在春意盎然的小
花園中流動，閱讀著最喜愛的那
本書，感覺心中靜靜的開出一朵
朵美好的花。

準備材料：牛仔褲 繡線 不織布
水晶燙鑽

★做法見P.95

My
holiday
度假去

30   31

32

∴褲管小手袋∴

難易度：★★★

簡約風格的小提袋，適合各種風格穿著的搭配！輕
鬆柔和的主題之下，傳遞出別具一格的舒適感。

準備材料：牛仔褲 大別針

★做法見P.100

After
silent
靜靜的，下雨後

33

∴ 褲子側背包 ∴

難易度：★★★

深色的丹寧布很適合今天的心情，配上深入眼眸為之一亮的紅色提帶，還有各種不同的徽章以及朝紅壓摺，呈現出十足的自我主張。

準備材料：牛仔短褲(或長褲) 棉質織帶(可依照個人喜好調整長短) 4片徽章 星形釘釦 條紋布邊

★ 做法見P.102

口袋擦手

難易度：★★★

利用牛仔褲尚後口袋與毛巾⋯⋯手巾，在
浴室裡點綴一股純淨的氣氛⋯⋯也可
以很有韻味！

準備材料：牛仔褲 毛巾

★ 做法見P.104

clean

純淨

lovely chocolate
濃情巧克力

35
::愛心杯墊::

難易度：★★☆

不論是繞圈圈般的愛心搭配波浪狀織帶，或是蕾絲配
上格紋緞帶蝴蝶結，都讓人感覺可愛極了！白色的馬
克杯配上多風貌的杯墊，暖暖的感覺是不是讓人想喝
一杯熱巧克力呢？

準備材料： 深淺牛仔布 條紋棉布 藍色波浪緞帶

★做法見P.105

1.學員小暴的書套製作　2.手提小包的「扁包」3.飾品運用：新娘飾品設計
4.工作室教學區　5.紫鞋改造前　6.紫鞋改造後　7.飾品課：手作飾品隨拍

關於教學這件事……

2002年的夏天，開始了我的教學生涯。

除了擔任大學裡的兼任講師，一方面還是繼續發表自己的創作，不過教學這件事情還是讓我一頭栽了進去，一路從服裝設計教到了布料設計，最後更發展到飾品設計這個區塊！

一直到2006年的夏天，終於在眾多學生的支持下成立了這個小小的工作室。Color Deco Fashion & Art Studio，意為用色彩來妝點兼具時尚與藝術的生活！不到20坪大的小工作室裡，有粉紅色的裁縫間，大地色系的教學教室，以及充滿地中海風格的衛浴。原本老舊的公寓利用雙手把他改造成完全不同的風貌！

原本這個工作室是我用來專心創作的地方，不過越來越多同學從媒體上或是網路上找到我的工作室資訊，也就順其自然的發展成教學教室了！

由於工作室的定位非常的有趣，只要是與生活有關的手工創作，都是我們的教學範圍！

充滿時尚感的流行飾品，雜貨風的手工包包，充滿趣味感的服飾改造創作，以及生活感的家飾用品，都是我的創作以及教學範圍！

而教室內的氣氛總是充滿歡樂，最喜歡看到學員們做出成品時臉上滿足的笑臉！大家都可以在教室裡發現許多手工創作的樂趣！而我也因著教學認識了許多各行各業的好朋友，更是我最大的收穫！

改造，舊衣變新貨，工具材料哪裡買？

想著手改造自己的舊牛仔裝，其實不需太多的工具和材料，可能家裡現成的縫衣工具就足夠了，當然，若有一台裁縫車製作起來會較省事和簡單。五光十色的裝飾材料在台北後車站許多小店也有販賣。

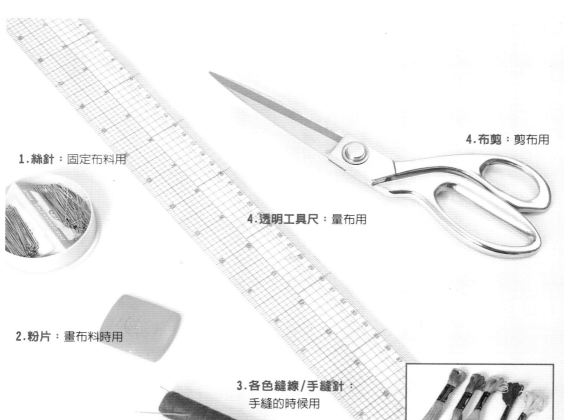

1.絲針：固定布料用

4.布剪：剪布用

4.透明工具尺：量布用

2.粉片：畫布料時用

3.各色縫線/手縫針：
手縫的時候用

☆**金屬釦洞**：想要表現龐克或是個性感的時候，我會選擇金屬類的材料！無論是金屬釦洞或是卯釘，都是很不錯的表現方法！而自己其實還滿喜歡有點華麗感的造型，所以鋁片也是不可缺少的材料之一！

☆**繡線**：在服飾的後加工處理中，繡線是一種很不錯的材料！無論冬天或夏天都是非常好的表現手法。想要表現童趣感的時候我會選擇平針縫法，而鎖鏈縫通常可以表現出精緻又立體的效果！

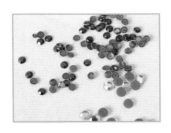

☆熨燙鋁片/水晶：最簡單的加工方法就這是這個了。只要利用幾顆亮晶晶的水鑽或是鋁片，就可以製造出非常時髦的效果，想要Bling bling？選這個就對了。

☆手繪顏料：想要在布料上面作畫，最好選擇布料專用的顏料！注意畫的時候不可太大面積，以免布料變的硬梆梆！

☆卯釘：市面上的卯釘有許多款式，大部分都是金屬色系，但現在有許多上面鑲水晶的或是鑲有彩色壓克力的也都是不錯的選擇！

☆珠珠、亮片：亮片與珠珠也是我很喜歡的材料，少量的使用可以增加亮度以及價值感，雖然耗時做出來的效果通常都很棒！

☆繡片：繡片其實非常的好縫，只要記得選擇與繡片一樣顏色的手縫線，使用平針縫就可以縫的很漂亮了！

☆緞帶，蕾絲，流蘇：市面上的緞帶以及蕾絲琳瑯滿目，怎麼選擇好看又有質感的也是很重要的喔！購買的時候別忘了先搭配看看，適不適合想要改造的服裝！

工具材料哪裡買？

★Color Deco手創時尚工作坊
網址：www.colordeco.com
電話（02)2517-8810
無論高級或平價，只要來這裡的購物大街都可以滿足你的需求！網站隨時有新品上架，喜歡DIY的你可以隨時上網訂購最新素材！

★介良裡布行
地址：台北市民樂街11號
電話（02)2558-0718
麻雀雖小,五臟俱全的材料行！

★金泉材料行
地址：台北市大同區永昌街17號
電話（02)2550-0203
平價挖寶的好地方

★大滿國際時尚貿易有限公司
地址：台北市迪化街一段36號
地址(02)2559-6161
專賣高級品的材料行

金屬釦洞

金屬釦洞通常是一組的，一個環配一個釦洞。購買時要搭配一個打洞錐以及一個開花錐，這兩樣東西需要配合金屬釦洞的尺寸進行購買，使用的時候要準備一個榔頭以及PU墊。

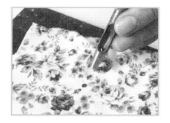

1 把布料要開洞的地方放在PU墊上，再把打洞錐對準要開洞的地方。

2 以榔頭敲下去，就會有一個圓型的小洞出現。

3 把金屬釦突起的一端塞進小洞裡。

4 把布料正面朝下放在PU墊上。

5 此時金屬釦突起的那端應是朝上的，再將環片套進凸起的地方。

6 把開花錐的尖點對準金屬環扣凸起的地方。

7 將榔頭用力的敲下（注意力道，太用力會傷到金屬環釦的表面，太小力會壓不平）。

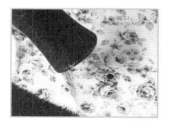

8 把開花錐拿起，再以榔頭敲一敲已開花的地方，將凸起的地方整平即可。

熨燙鋁片/水晶

熨燙鋁片的時候最好搭配抗熱貼紙，排列出來的形狀才不會變形！

1 將抗熱貼紙撕下，有黏性的一面朝上。

2 把貼紙固定在喜歡的圖案上（可以使用膠帶固定，注意：熨燙時一定要把膠帶部分清除乾淨，因膠帶不耐熱）。

3 使用鑷子把鋁片夾起，亮面那一端朝下，沿著喜歡的圖案周圍開始黏貼。

4 把貼紙撕起。

5 把圖案放在想要熨燙的部位上（有黏性的那端朝下）。

6 用熨斗熨燙，注意不可使用蒸氣。

7 固定後將貼紙撕下。

8 完成囉！

抗熱貼紙

繡線　使用繡線縫製時需選用洞口較大的手縫針，會比較容易操作！

平針縫：

1 要縫上圖案之前， 記得先以粉片畫出想要的圖案。

2 由布的反面起針。

3 正面一針、反面一針，針距要固定，順著圖案縫。

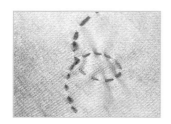

4 完成囉！

鎖鏈縫：

1 以粉片畫出喜歡的圖案，由牛仔布反面起針，再沿著1公分處下針後往回穿0.5公分。

2 重複同樣的動作沿著畫好的圖形縫製。

3 往1公分處下針後往回穿0.5公分。

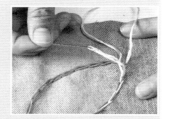

4 將圖形縫好後收針，把結打在布後即完成。

卯釘

若怕卯釘刺傷到皮膚，可在完成後再加一片布料，隔著衣服與肌膚來保護！

1 將卯釘有刺的那一面朝布面。

2 用力壓下，讓卯釘刺從布的另一端出來。

3 利用螺絲起子將卯釘刺朝中心點的地方向下壓，使卯釘刺陷入布料裡。

繡片

想創造高級感的設計，可選擇繡片來改造你的衣服，通常完成的效果都比較有質感喔！

1 先將繡片放在想要縫的位置（較大的繡片可使用珠針先固定位置）。

2 使用同色的手縫線開始沿著邊緣，以平針縫的方式縫製。

3 縫完一圈就可以固定囉！

珠珠、亮片

想創造精緻的華麗感，一定要學會亮片、珠珠的縫法！但也要選擇好一點的亮片與珠珠，才不會俗掉了！

亮片縫法：（可使用一般手縫針）

1 由反面起針後將亮片放入，把亮片壓在布面上，再將針穿過亮片的邊緣往下穿。

2 將亮片翻開後把針往亮片內0.1公分處穿回布的表面。

3 再將亮片穿進手縫針裡，重複前面兩個動作直到完成所需長度。

珠珠縫法：（需使用縫珠專用針）

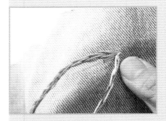

1 由布反面起針，將管珠放進縫針裡，往下穿至反面。

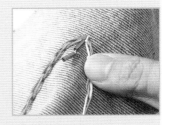

2 在第1顆管珠的尾端處把針線往上穿，再將第2顆管珠放進去。

3 將縫珠針往下穿至反面。

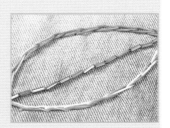

4 重複此動作直到完成所需圖形。

註：範例以管珠示範，若是以小珠珠縫製的話，可以同時穿3～4顆小珠珠來縫以節省時間。

自然的破破感

牛仔系列的服裝真的很適合處理成破破的模樣,我喜歡自然的破舊感,所以自然的穿破是最好的方式!不過等不及自然破掉的話,也可以動一點小手腳,讓你的牛仔褲破的更自然!

1 先以粉片在布料上面畫出想要破的定點。

2 以剪刀剪破所畫的線。

3 用撕的方式將破洞撕開,很自然的會沿著布紋裂開。

4 用鑷子將白色部分紗線挑開。

5 挑到白色部分剩下一小段的時候,再把藍色部分的小紗線拔下來,可以利用老虎鉗幫忙施力夾開!

6 全部夾完後就完成囉!

注意:有彈性的牛仔布不適合這麼做!!

材料： 牛仔裙 手繪顏料 畫筆

01

時尚方程式
fashion icon

破破潑漆牛仔裙

1

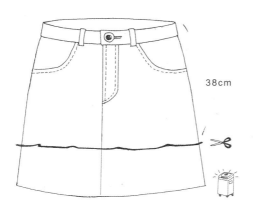

38cm

step 1
先將牛仔裙剪到自己喜歡的長度（sample約38cm長），不必剪的太整齊，剪好後丟到洗衣機內洗，洗滌後下擺處會出現很自然的破舊感。

2

step 2
將洗好晾乾的牛仔裙，以衣夾夾住固定，在牆上鋪上一層報紙，並將牛仔裙掛於報紙上，以畫筆沾滿手繪顏料後隨意甩在裙子上。

顏料乾了以後在裙子上墊一塊布料，以熨斗燙過定色，完成作品囉！

02

裙襬搖搖
wave your skirt 碎花荷葉小短裙

1

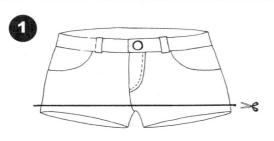

step 1
將短褲從褲檔下緣剪去，使之形成
短裙狀。

2

180cm

12cm

step 2
小碎花布剪下180×12cm的長條。

3

1cm

10cm

1cm

step 3
將碎花布條上下向內折約1cm寬，並
車縫固定兩邊。

4

step 4
小碎花布條每隔一小段距離折回一
小段，並以珠針固定，使之成為小
碎花荷葉邊。

5

90cm

step 5
將小碎花荷葉邊的上端車縫固定，
完成後總長約90cm（可依個人尺寸
調整長度）。

6

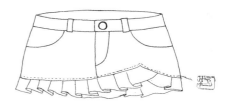

step 6
將小碎花荷葉邊車縫固定於裙擺處。
完成作品！

材料： 牛仔長裙 麂皮流蘇 釘釦麂皮花邊 金屬釦洞

03
驛站
the stage

麂皮流蘇短裙

1

step 1
將牛仔長裙剪成自己喜歡的長度。

2

step 2
麂皮流蘇以珠針固定在裙擺處。

3

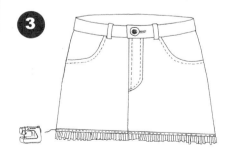

step 3
將麂皮流蘇車縫於裙擺上，並將珠針拿掉。

4

step 4
將釘釦麂皮花邊以珠針固定於麂皮流蘇上。

5

step 5
車縫固定釘釦麂皮花邊，並在裙子上隨意的裝飾幾個大小不一的金屬釘釦。

若是擔心看到腿部，可以在金屬釦洞下墊一塊花布裝飾，如此也可以增加小地方的巧思！完成作品囉！

材料：蛋糕裙 窄版蕾絲

04

舞動陽光
summer dance　鄉村風蛋糕短裙

step 1
先將蕾絲以珠針固定於裙擺處，固定裙擺整圈後剪去多餘的蕾絲。

step 2
車縫固定裙擺處的蕾絲裝飾，並於綁帶處手縫兩道裝飾用蕾絲。完成作品！

05
幸福花朵朵
happy flowers

手繡花朵牛仔褲

以1：1比例圖形，將此圖形置於口袋處或是任何喜歡的地方，以粉片畫出後，再以鎖鏈縫（見改造小技巧：鎖鏈縫法P.56）的方式縫製圖形的邊緣，以亮片及珠珠裝飾花芯部分就完成作品了！

06

材料：牛仔褲 彩色織花片 花型鈕釦 葉子裝飾片 繡線

花園盪鞦韆

*swing
in the garden*　小花朵朵牛仔褲

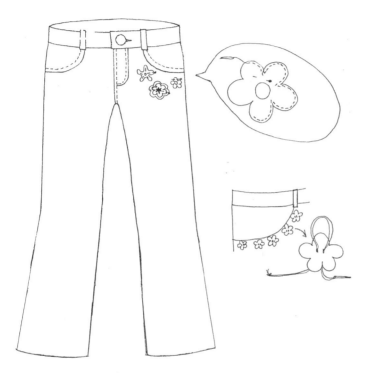

1

step 1
將彩色織花片以手縫固定於左
邊口袋處。

2

step 2
將花型鈕釦手縫固定於右邊口
袋邊緣處。

3

step 3
將葉片以繡線固定於右邊口袋
邊緣處裝飾（如圖示），露出一
小段讓葉子可以晃來晃去，增
加活潑感，完成作品。

07

白色戀曲
pure love

蕾絲花邊牛仔褲

step 1

先將牛仔褲折好，側邊向
外，將寬版蕾絲以珠針固
定於牛仔褲側邊上，並剪
去多餘的蕾絲。

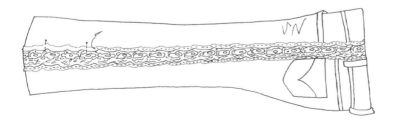

step 2

以手縫方式沿著蕾絲花邊
縫製，使蕾絲固定於側邊
上，縫製時可於牛仔褲管
內墊一塊紙版以防褲管縫
在一起！以同樣的方法縫
另一邊的褲管。

材料：牛仔褲 漂白水 葉片型繡片

08

未知數
unknown element

漂染牛仔褲

1

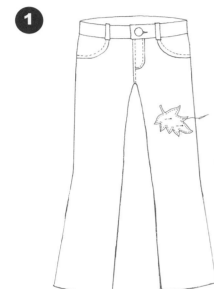

step 1
將白色葉片形繡片沿
著邊緣縫製到褲子上
裝飾。

2

step 2
將牛仔褲隨意的以棉
繩綁住褲管處。

3

step 3
以3：1的比例(漂白水3：水1)調
和在水桶裡，並將綁好的牛仔褲
丟進桶子裡，大約半小時後取出
並清洗乾淨，晾乾。可以在葉子
繡片上面縫一些小珠珠裝飾，即
完成作品

09

淡藍色雨季
rainy day　潑漆羽毛腰飾牛仔褲

①

step 1
將報紙舖在地上，牛仔褲放在報紙上，把手繪顏料隨意的潑在褲管上，乾了之後拿起，墊上一塊棉布後以熨斗燙過定色。

②

step 2
將羽毛吊飾勾在珠飾腰鍊上增加豐富感，羽毛吊飾可買現成的材料！

兩個搭配在一起就完成囉！

10
笑顔的秘密
secret
of the smile

燙鑽牛仔褲

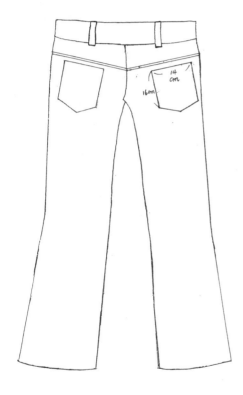

step 1
量出後面口袋尺寸（sample為14×16cm）。

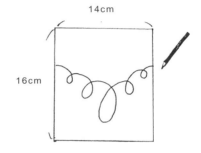

step 2
在紙上畫出喜愛的圖案（要小於
step 1量出的尺寸）。

step 3
將抗熱貼紙（見改造小技巧：
熨燙鋁片P.55）撕下，有黏性
的一面朝上，並以膠帶固定於
圖案上。

step 4
用鑷子將燙鑽亮面朝下黏在貼紙上。

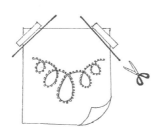

step 5
將膠帶部分以剪刀剪去（膠帶不抗熱，需去除乾淨）。

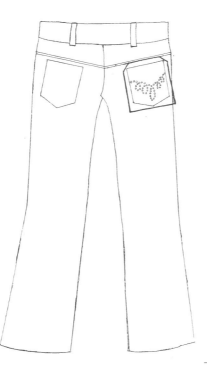

step 6
將抗熱貼紙貼在口袋上，並以熨斗壓燙，注意不要使用蒸氣！同樣的方式將另一邊的口袋也燙上水晶鑽，即完成作品！

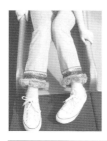

材料：牛仔褲 民族風織帶數條 兔毛條4呎

11

摩登印加
modern Inca

民族風九分褲

step 1
先將牛仔褲剪成九分褲（可
依個人身高自行調整長度）。

step 2
將準備好的織帶與兔毛條以
手縫或車縫的方式固定於褲
管上，完成作品。

12

搖滾泡泡

rock girl

材料：牛仔褲 蕾絲 金屬釦洞 麂皮繩

蕾絲七分褲

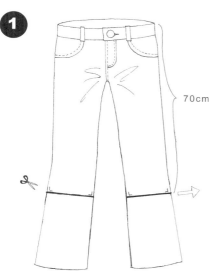

70cm

step 1
於腰部往下70cm處剪下兩邊
褲管。

17cm   17cm

step 2
褲管正面中心，由下往上延
伸17cm處各剪出一道開岔。

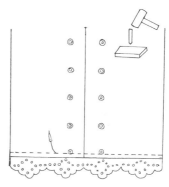

step 3
沿著褲管處車縫一道裝飾用
的蕾絲，並於開岔處兩邊打
金屬釦洞（可依個人喜好調整
金屬釦洞的大小及多寡）。並
以麂皮繩裝飾在上面。

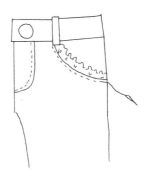

step 4
於兩邊口袋開口處手縫裝飾
用蕾絲。完成作品！

13

元氣滿點
energy

條紋口袋褲

1

8cm

Ⓐ

10cm

step 1
量出前面口袋A的尺寸。

2

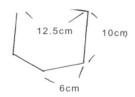

12.5cm 10cm

6cm

step 2
將後口袋B拆下，並量出
尺寸。

3

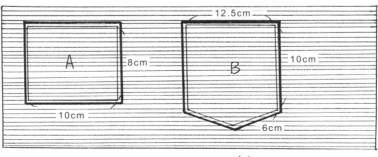

12.5cm

A 8cm

10cm

B 10cm

10cm 6cm

step 3
在條紋布料上畫出A與B的尺寸，並於四
周留縫份1cm，再沿著邊緣剪下。

step 4

將條紋布A的上下左右兩側以熨斗燙進去1cm，以車縫方式固定住布邊，再將條紋布料手縫於前面口袋處裝飾。

step 6

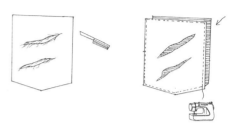

以小刀在拆下的牛仔口袋上劃出兩道割痕，壓在step 5縫好的條紋布上，車縫固定四端，故意留一個角落不要車。

step 5

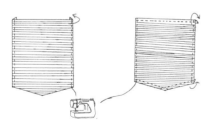

將口袋B部分的條紋布兩端以及上下端的部分向內折1cm，並車縫固定布邊。

step 7

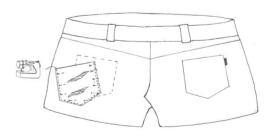

將處理好的後口袋故意歪一邊置於後口袋處，並以珠針固定後車縫。
完成囉！

14

就是我
C'est moi

蝴蝶結襯衫

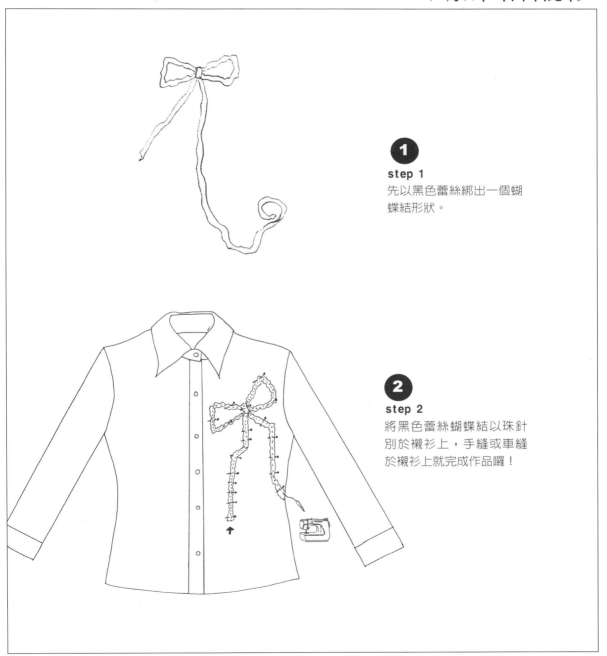

1

step 1

先以黑色蕾絲綁出一個蝴
蝶結形狀。

2

step 2

將黑色蕾絲蝴蝶結以珠針
別於襯衫上，手縫或車縫
於襯衫上就完成作品囉！

15

不思議盛夏
inscrutable
summer

橘色亮麗背心

1

step 1
於背心領口處縫上小珠珠。

2

step 2
再手縫幾顆鈕釦裝飾。
完成作品！

隨手別個花飾在背心上，就非
常搶眼囉！

16

我要飛
fly away

繡片牛仔外套

1

step 1
將繡片以珠針固定於牛仔外套
背後，並沿著繡片邊緣縫製固
定。

2

step 2
在繡片上隨意的加縫點綴一些
亮片以及玻璃珠，增加亮度以
及立體感。

完成作品！

17

夢幻熱帶雨林
dreaming forest

蕾絲T恤

1

5cm
肩點

step 1
將領口以剪刀剪成一字領（須注意要離袖子肩點至少5cm）。

2

step 2
將剪開的地方車縫兩道，避免虛邊。

3

step 3
以珠針將蕾絲固定於衣服上喜歡的地方。

4

step 4
將蕾絲定點手縫固定。

5

step 5
以同樣的方法固定緞帶，並隨意地將亮片手縫裝飾於衣服上，完成作品。

18

陽光假期

sunny holiday　兔毛邊俏麗背心

❶

step 1
將牛仔外套的袖子部分裁掉。

❷

step 2
先以珠針將兔毛條固定於袖口上，再以手縫的方式將兔毛條固定，完成後取下珠針即可。

完成作品！

19
櫻花樹下的約定
sweet date

紅色小花牛仔外套

1

54cm

長 26cm

10cm

4cm

沿外緣繞量袖口長度

step 1
量出牛仔外套前面條狀以及袖口尺寸。

2

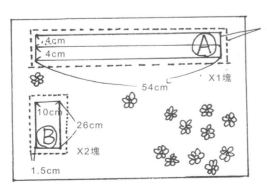

1.5cm

4cm
4cm

Ⓐ X1塊

54cm

10cm

26cm

Ⓑ X2塊

1.5cm

step 2
於紅色碎花布上以粉片畫出標示尺寸，並沿著外圍1cm縫份處線剪下花布之裁片。

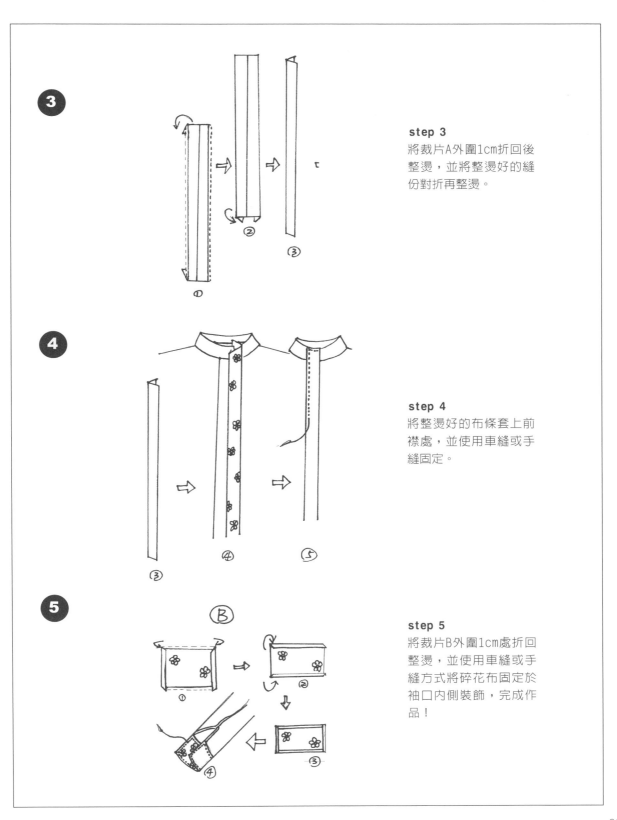

step 3
將裁片A外圍1cm折回後整燙,並將整燙好的縫份對折再整燙。

step 4
將整燙好的布條套上前襟處,並使用車縫或手縫固定。

step 5
將裁片B外圍1cm處折回整燙,並使用車縫或手縫方式將碎花布固定於袖口內側裝飾,完成作品!

20

搖滾NaNa
rock
nana

水鑽金屬釦洞十字架外套

1

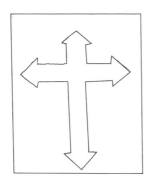

step 1
先將十字架於紙張上畫出來（可將圖例等比例放大）。

2

step 2
抗熱貼紙以膠帶固定於圖案上（有黏性面朝上），並使用尖嘴鑷子將水晶一顆顆排列至十字架上（見改造小技巧：燙熨鋁片用法P.55）

3

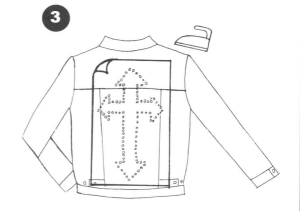

step 3
將排好的水鑽十字架貼紙貼在外套背面，並用熨斗以壓燙方式將燙鑽固定於衣服上，待冷卻後再將貼紙取下。

4

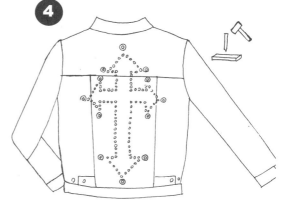

step 4
沿著十字架周圍以金屬扣洞工具打上銀色小環洞，到頂點處則打上古銅大環洞以增加立體感。

21

雪季漫步
walking in the snow

毛毛靴

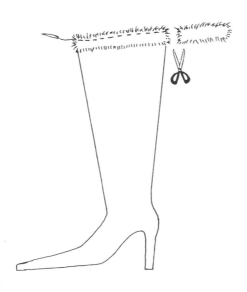

1

step 1
剪下一段與靴圍等長的兔毛
條，並沿著兔毛條的上緣處
平針縫，縫線外露的部分越
小越好。

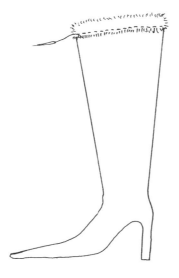

2

step 2
同樣的方法沿著兔毛條的下
緣處平針縫，再把另一個靴
子縫上兔毛條，完成作品！

22

花漾
ripplet

珠珠牛仔花飾

1

30cm

6cm

step 1
於牛仔布上剪下30×6cm
的布條。

2

step 2
將布條對折，並於底部1cm
處平針縫。

3

step 3
將布條往內縮，使之自然
形成圓的花型。

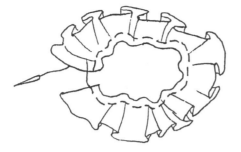

step 4
將牛仔花的前後端手縫固定。

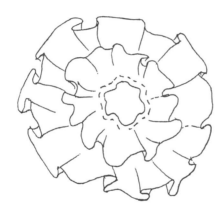

step 5
以同樣的方法縫蕾絲緞帶,並
將蕾絲花縫在牛仔花上。

step 6
將珠花手縫固定於**step 5**完成
的花型上,並於牛仔部分邊緣
手縫玻璃珠裝飾

最後於完成的花朵後手縫大別
針,完成作品!

23

夏日的邂逅
run into my heart

木珠腰帶

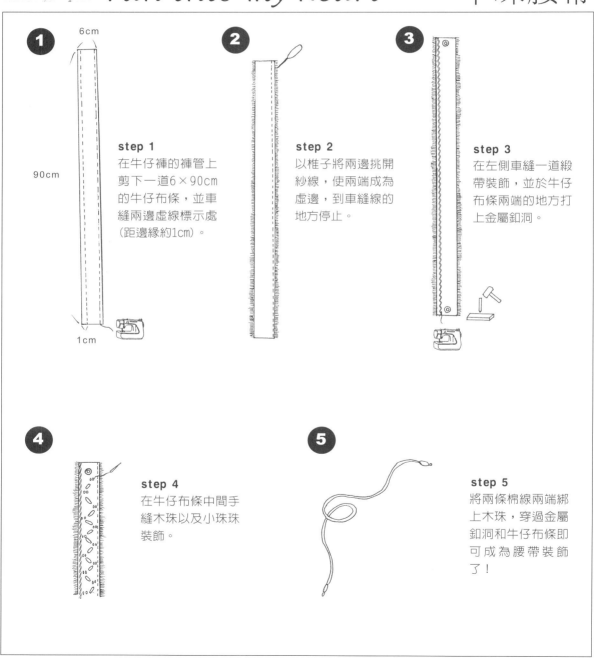

① 6cm

90cm

1cm

step 1
在牛仔褲的褲管上剪下一道6×90cm的牛仔布條，並車縫兩邊虛線標示處（距邊緣約1cm）。

②

step 2
以椎子將兩邊挑開紗線，使兩端成為虛邊，到車縫線的地方停止。

③

step 3
在左側車縫一道緞帶裝飾，並於牛仔布條兩端的地方打上金屬釦洞。

④

step 4
在牛仔布條中間手縫木珠以及小珠珠裝飾。

⑤

step 5
將兩條棉線兩端綁上木珠，穿過金屬釦洞和牛仔布條即可成為腰帶裝飾了！

24

星心派對
*when stars
meet hearts*

褲管圍巾

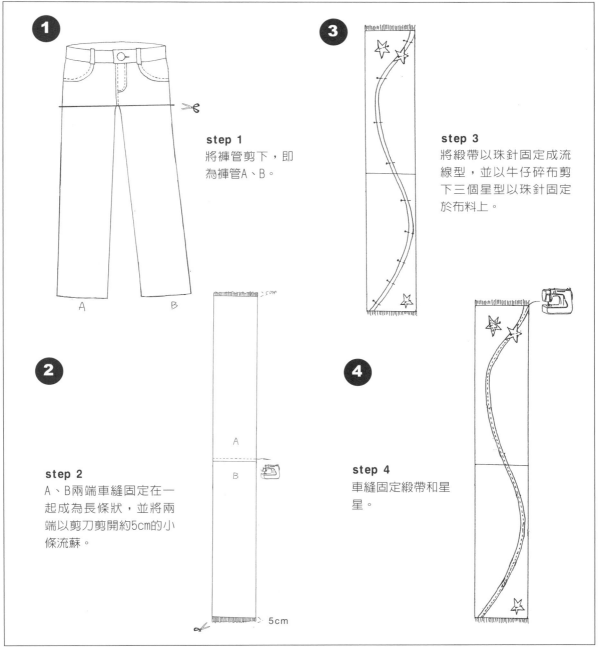

step 1
將褲管剪下，即
為褲管A、B。

step 2
A、B兩端車縫固定在一
起成為長條狀，並將兩
端以剪刀剪開約5cm的小
條流蘇。

step 3
將緞帶以珠針固定成流
線型，並以牛仔碎布剪
下三個星型以珠針固定
於布料上。

step 4
車縫固定緞帶和星
星。

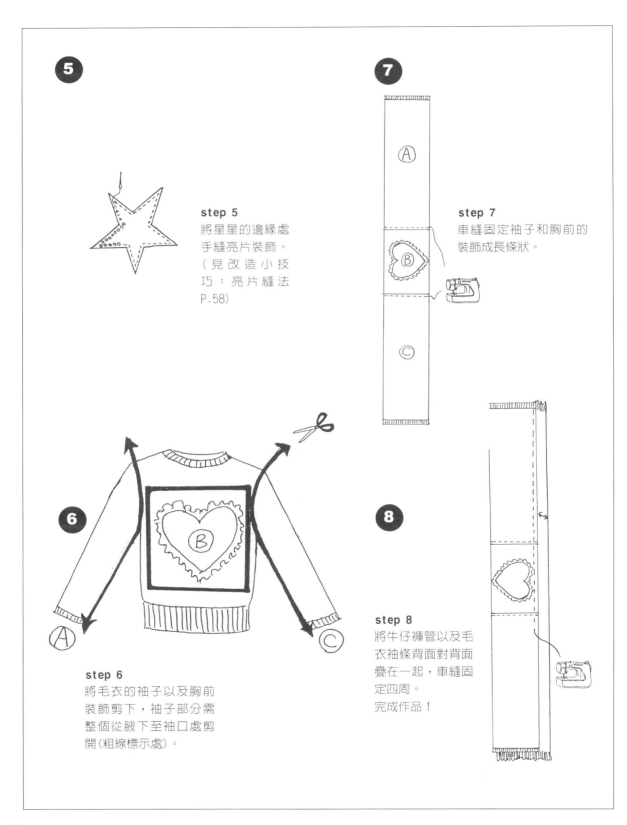

5

step 5
將星星的邊緣處
手縫亮片裝飾。
（見改造小技
巧：亮片縫法
P.58）

7

Ⓐ

Ⓑ

Ⓒ

step 7
車縫固定袖子和胸前的
裝飾成長條狀。

6

Ⓐ

Ⓑ

Ⓒ

step 6
將毛衣的袖子以及胸前
裝飾剪下，袖子部分需
整個從腋下至袖口處剪
開(粗線標示處)。

8

step 8
將牛仔褲管以及毛
衣袖條背面對背面
疊在一起，車縫固
定四周。
完成作品！

25

我要去旅行
one day journey 學院風格紋提包

1

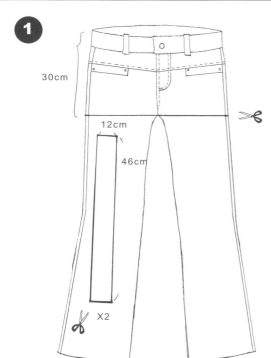

30cm

12cm

46cm

X2

30cm

step 1

從褲頭處往下量30cm左右，畫一條直線後剪下。並於褲管上畫上12×46cm的形狀，剪下兩條同樣長度的長條作為背帶。格子裙從腰帶往下30cm處剪下。

2

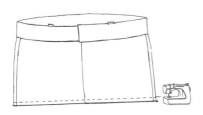

step 2

牛仔褲反面後，於底下車縫固定。

3

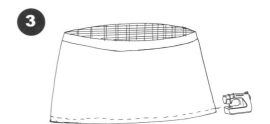

step 3

將格子裙反面，於底下車縫固定。

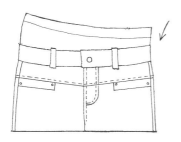

step 4

牛仔褲翻回正面，並將格子裙套入牛仔褲袋內。

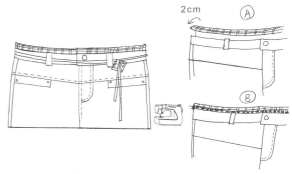

2cm

Ⓐ

Ⓑ

step 6

將套入的格子裙頭反折2㎝，並於標示處車縫固定；可將格子裙上拆下來的帶子綁在褲頭上裝飾。

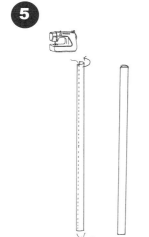

6cm

step 5

將**step 1**剪下的長條，正面對正面對折後，車縫固定，並翻面成背帶。

7.5cm   7.5cm

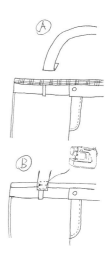

Ⓐ

Ⓑ

step 7

將**step 5**完成的帶子依圖示以珠針固定後車縫。完成作品！
也可以將剩下的格子布做成可愛的小吊飾來增加活潑感！

26

我的快樂感
joy joy!

牛仔褲側邊提袋

①

step 1
將粗線標示處剪下A、B、C，前後都要
剪下（A B 兩片各約30×30cm）。

②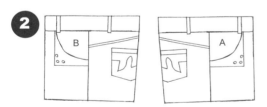

step 2
將A B攤開即成為圖示樣。

③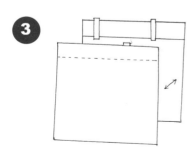

step 3
將A B 兩片正面對正面疊起。

④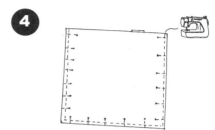

step 4
以珠針固定住兩側以及下端處，並以車縫
之方式固定後取下珠針。

⑤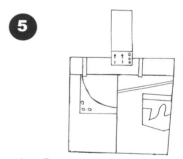

step 5
將袋子翻回正面，於開口處中心點以珠針
將C固定住。

⑥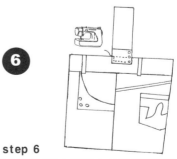

step 6
將C的兩端車縫固定於袋子兩邊的中心點，
取下珠針。
完成作品！

材料：牛仔裙 拉鍊 一小段緞帶 彩色小珠 小熊木釦 金屬釦洞 現成鏈條

27

熊出沒注意
oh my little bear

口袋護照包

step 1
將牛仔褲後面兩片口袋部分裁下（需一
樣大）。

step 2
兩片裁片上端分別壓住拉鍊旁的布塊，
並車縫接合。

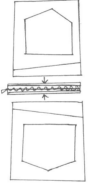

step 3
將拉鍊拉開，將裁片正面對正面對好，
側邊夾入一小段裝飾用緞帶。

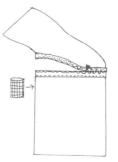

step 4
以車縫固定三邊。

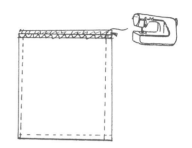

step 5
翻至正面，手縫彩色小珠珠於袋面上裝
飾。

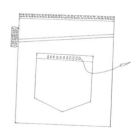

step 6
手縫小熊木釦裝飾，並打一個金屬釦洞於
角落處。
裝上現成的鏈條即完成可愛的小提袋了！

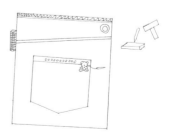

28
幸福小花園
circling

小花朵朵化妝包

1

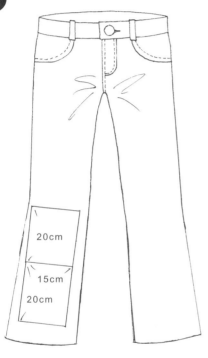

2

step 2
將印花布上的印花沿著花朵邊緣剪下，並以珠針將印花圖樣固定在其中一片牛仔布上，沿著印花圖樣的邊邊車縫固定。

3

step 1
從牛仔褲管上剪下兩塊20×15cm大小的布塊。

step 3
依照圖樣以繡線沿著粗線部份手縫裝飾，花心的部分以亮片或是熨燙鋁片裝飾。

4

step 4

將兩片布塊的上端處往回折1cm，
並壓上拉鍊邊緣車縫固定。

6

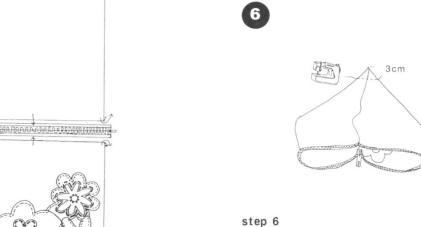

step 6

將小袋以圖示方式折成一個三角形，並於尖
點3cm處畫出一條線，讓尖點處成為一個等腰
三角形，並車縫橫線，同樣的方法車縫另一
端。

5

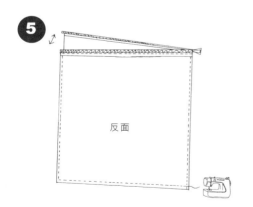

反面

step 5

將車縫好拉鍊的布塊正面對正面
疊好，將拉鍊拉開，將沒有拉鍊
的三邊車縫固定，使之行成一個
反面的小袋狀。

7

step 7

將小袋翻回正面，即完成小花
化妝包了！

29
花開了
blooming

小花書套

①

20cm

11cm

1cm
4cm 20cm
11cm 1cm

step 1
拆下牛仔褲口袋處的裝飾小口袋，並沿著褲管側
邊畫出11×20cm左右的方形，於上下兩端各留1cm
縫份，左端留4cm縫份，沿著黑線處剪下（注意：
沿著左側邊剪表示褲管兩面都要剪到）。

②

裁片攤開狀

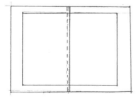

1cm

1cm

step 2
將剪下的方形上下端1cm縫份燙入並車縫固定布邊。

③

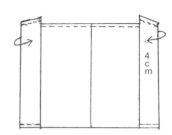

4
c
m

step 3
將兩端4cm處往內折燙起，並車縫4cm
折進處的上下緣部分（虛線處）。

④

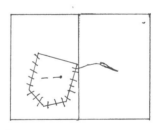

step 4
將拆下的裝飾小口袋以繡線手縫固定
於書套上。

⑤

step 5
剪下兩朵不織布小花，並將小花以繡
線手縫固定裝飾在書套上，以繡線縫
出花莖與葉片的部分。並於花心部份
燙上一顆水晶鑽裝飾。完成作品！

材料：牛仔褲 寬版蕾絲

30

度假去
my holiday 條紋提把牛仔褲提袋

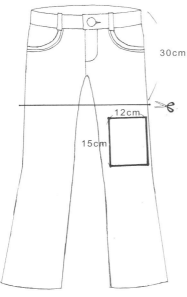

30cm

12cm

15cm

step 1
於腰部以下30cm處剪下，並於褲管處剪下兩塊15×12cm左右的方塊。

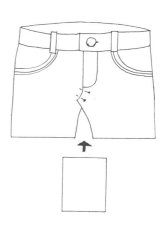

step 3
攤平後將右邊突起處壓在左邊，並以珠針固定後，將**step 3**剪下的布塊襯在缺口處補滿。

step 2
將褲檔粗線標示處處整個剪開攤平，前後都要剪。

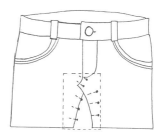

step 4
以珠針先固定住缺口處的布塊。

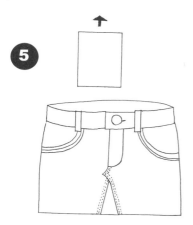

step 5
將缺口處車縫兩道固定，同樣的
方法完成後片的處理。

step 8
將條紋織帶車縫固定於袋面上，
取下珠針。

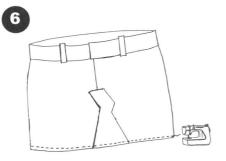

step 6
翻至背面，將車縫後多餘的布塊
剪去，再將底部車縫固定。

step 9
以同樣的方法固定住後面的條紋織
帶，注意兩邊的織帶長度需一樣，
固定的位置也要相同。
完成作品囉！

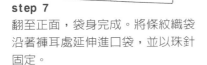

step 7
翻至正面，袋身完成。將條紋織袋
沿著褲耳處延伸進口袋，並以珠針
固定。

31

華麗的冒險
*a gorgeous
adventure*

兔毛大鑽別針

①

step 1
隨意的剪下幾條長約10～15cm左右的牛仔布條以及緞帶，並將這些布條對折縫起固定。

②

第一層

→

第二層

step 2
將14-1完成的對折布條一層疊一層，使他形成一個花型後，以手縫方式將中心固定（外層要略比內層大一點）。

③

step 3
將兔毛條底下以平針縫上。（針距約1.5cm）

step 4
縫好後將兔毛條往內縮，很自然
的就會圍成一圈圓形。

step 6
再將水晶大鑽、珠珠等材料手縫固定於中心
處裝飾。

step 5
圍成圓形狀後，手縫固定頭尾部分。

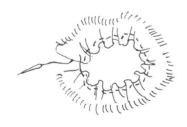

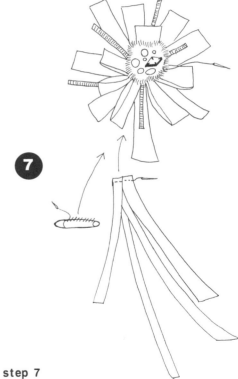

step 7
將**step 6**完成的兔毛圈圈手縫固定於**step 2**
完成的花型裝飾上，並隨意的抓幾條剩下的
布條手縫固定在花飾下面，於背後的地方縫
上別針。
可以將這個花飾別在包包上，增加豐富度。

32

靜靜的，下雨後
after silent

褲管小手袋

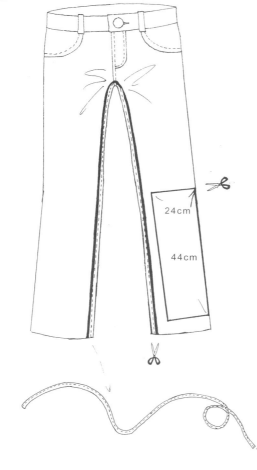

24cm

44cm

step 1
在褲管上剪下一塊24×44cm大小的長
方形布塊，並將褲管內側凸起的側壓
線沿著邊邊剪下成為長帶子。

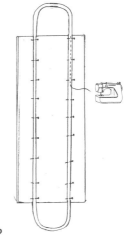

step 2
以珠針把長帶子如圖示固定於長方
形的布塊上，車縫固定。

step 3
將長方形布塊面對正面對折，車縫固
定兩側。

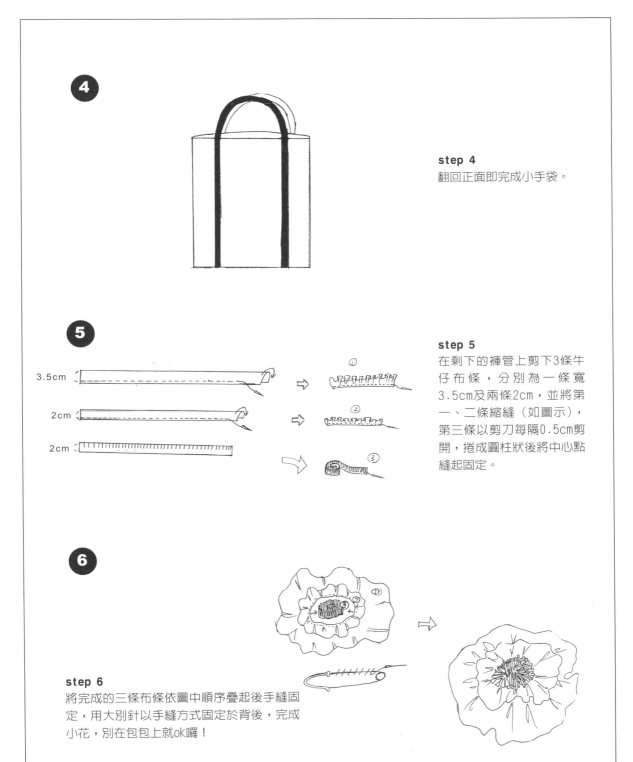

4

step 4
翻回正面即完成小手袋。

5

3.5cm

2cm

2cm

①

②

③

step 5
在剩下的褲管上剪下3條牛仔布條，分別為一條寬3.5cm及兩條2cm，並將第一、二條縮縫（如圖示），第三條以剪刀每隔0.5cm剪開，捲成圓柱狀後將中心點縫起固定。

6

①

step 6
將完成的三條布條依圖中順序疊起後手縫固定，用大別針以手縫方式固定於背後，完成小花，別在包包上就ok囉！

材料：牛仔短褲（或長褲） 棉質織帶（可依照個人喜好調整長短） 四片徽章 星形卯釘 條紋布塊

33

飛行日記
travel diary

褲子側背包

1

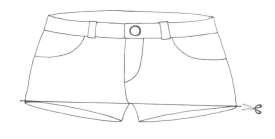

step 1
將褲檔下多於的褲管剪去。

3

step 3
剩下的三片徽章先以珠針固定於袋面上
喜歡的地方，確定後再以手縫或是車縫
的方式固定於袋面上。

2

2cm

step 2
第一個徽章以珠針固定後，將提帶依圖
示車縫固定於袋面上。（兩邊都以同樣的
方法將織帶固定於袋面上）

4

step 4
將星形卯釘固定於袋面上裝飾。

5

41cm

1cm

41cm

15cm

1cm

step 5

在條紋布上畫出一塊15×41cm（袋
面底部）的形狀（將袋子翻面至反
面，量出sample的底部長41cm，
所以剪下的尺寸為15×41cm），並
於外框處畫出1cm距離後剪下。

6

1cm   1cm

step 6

將條紋布塊正面對正面對折後車縫
兩端1cm處。

7

step 7

袋子翻面至反面，將底部開口處
與**step 6**完成的條紋布開口反
折1cm處接合，以車縫固定。
（中間可夾入1小段緞帶做為裝
飾。）

8

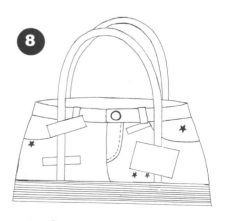

step 8

翻面後即完成袋子！

34
純淨
clean

口袋擦手巾

15cm

step 1

拆下兩個後口袋，並量出口袋上
緣尺寸，約15cm，把毛巾如圖示
剪對半。

15cm

step 2

將毛巾剪開處以手縫方式平針縫，
往內用力一拉，讓毛巾的上緣尺寸
成為15cm。

step 3

將緞帶手縫固定在口袋上端，並以口袋-
毛巾-口袋的順序疊起來(如圖示)。

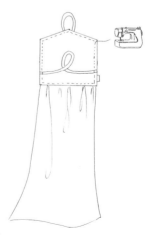

step 4

以車縫方式固定口袋四周，完成作品！

材料：深淺牛仔布 條紋棉布 藍色波浪緞帶

35

濃情巧克力
lovely chocolat

愛心杯墊

1

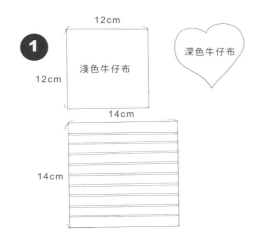

12cm

12cm

淺色牛仔布

深色牛仔布

14cm

14cm

step 1

剪下一片12×12cm的淺色牛仔方形，一片小於10公分的深色牛仔愛心圖樣，一片14×14cm的條紋棉布方形。

2

step 2

將深色牛仔愛心圖樣疊上淺色方形布塊，沿著愛心的圖樣向內車縫繞出一圈圈的裝飾線，再將波浪緞帶沿著方塊邊緣內2cm處車縫四邊。

3

0.5cm

1cm

step 3

完成的圖樣疊到棉布的背面，並將棉布的上下兩端先內折0.5cm後整燙，再折回1cm壓在牛仔布上車縫固定

4

step 4

同樣的方法車縫固定另外兩邊，完成杯墊囉！

朱雀文化　和你快樂品味生活

北市基隆路二段13-1號3樓　　http://redbook.com.tw　　TEL：2345-3868　　FAX：2345-3828

EasyTour系列　　新世代旅行家

EasyTour006 京阪神（2006新版）──關西吃喝玩樂大補帖　希沙良著 定價299元
EasyTour007 花小錢遊韓國──與韓劇場景浪漫相遇　黃淑綾著 定價299元
EasyTour008 東京恰拉──就是這些小玩意陪我長大　葉立莘著 定價299元
EasyTour010 迷戀巴里島──住Villa、做SPA　峇里島小婦人著 定價299元
EasyTour011 背包客遊泰國──曼谷、清邁最IN玩法　谷喜筑著 定價250元
EasyTour012 西藏深度遊　愛爾極地著 定價299元
EasyTour013 搭地鐵遊倫敦──超省玩樂秘笈大公開！　阿不全著 定價280元
EasyTour014 洛杉磯吃喝玩樂──花小錢大聰明私房推薦遊透透　溫士凱著 定價299元
EasyTour015 舊金山吃喝玩樂──食衣住行超Hot教戰守則　溫士凱著 定價299元
EasyTour016 無料北海道──不花錢泡溫泉、吃好料、賞美景　王　水著 定價299元
EasyTour017 東京！流行──六本木、汐留等最新20城完整版　希沙良著 定價299元
EasyTour018 紐約吃喝玩樂──慾望城市玩透透超完美指南　溫士凱著 定價320元
EasyTour019 狠愛土耳其──地中海最後秘境　林婷婷、馮輝浩著 定價350元
EasyTour020 香港HONGKONG──好吃好玩真好買　王郁婷、吳永娟著 定價250元
EasyTour021 曼谷BANGKOK──好吃、好玩、泰好買　溫士凱著 定價299元
EasyTour022 驚豔雲南──昆明、大理、麗江、瀘沽湖、香格里拉　溫士凱著 定價299元

Traveler001　第一次旅行去新加坡　黃翊雯著 定價199元
Traveler002　第一次旅行去首爾　黃翊雯著 定價199元

FREE系列　　定點優遊台灣

FREE001 貓空喫茶趣──優游茶館‧探訪美景　黃麗如著 定價149元
FREE002 海岸海鮮之旅──呷海味‧遊海濱　李　旻著 定價199元
FREE004 情侶溫泉──40家浪漫情人池＆精緻湯屋　林慧美著 定價148元
FREE005 夜店──Lounge bar‧Pub‧Club　劉文雯等著 定價149元
FREE006 懷舊──復古餐廳‧酒吧‧柑仔店　劉文雯等著 定價149元
FREE007 情定MOTEL──最HOT精品旅館　劉文雯等著 定價149元
FREE008 戀人餐廳──浪漫餐廳、激情Lounge Bar、求婚飯店　劉文雯等著 定價149元
FREE009 大台北‧森林‧步道──台北郊山熱門踏青路線　黃育智著 定價220元
FREE010 大台北‧山水‧蒐密──尋找台北近郊桃花源　黃育智著 定價220元

SELF系列　　展現自我

SELF001 穿越天山　吳美玉著 定價1,500元
SELF002 韓語會話教室　金彰柱著 定價299元
SELF003 迷失的臉譜‧文明的盡頭──新幾內亞探秘　吳美玉著 定價1,000元

PLANT系列　　花葉集

PLANT001 懶人植物──每天1分鐘，紅花綠葉一點通　唐　芩著 定價280元
PLANT002 吉祥植物──選對花木開創人生好運到　唐　芩著 定價280元
PLANT003 超好種室內植物──簡單隨手種，創造室內好風景　唐　芩著 定價280元
PLANT004 我的香草花園──中西香氛植物精選　唐　芩著 定價280元
PLANT005 我的有機菜園──自己種菜自己吃　唐　芩著 定價280元
PLANT006 和孩子一起種可愛植物──打造我家的迷你花園　唐　芩著 定價280元

手作生活008

改造我的牛仔褲——舊衣變新‧變閃亮‧變小物

作者　　　施育芃

攝影　　　張緯宇

美術設計　許淑君

編輯　　　艾敬疼

企劃統籌　李橘

發行人　　莫少閎

出版者　　朱雀文化事業有限公司

地址　　　台北市基隆路二段13-1號3樓

電話　　　02-2345-3868

傳真　　　02-2345-3828

劃撥帳號　19234566朱雀文化事業有限公司

e-mail　　redbook@ms26.hinet.net

網址　　　http:/redbook.com.tw

總經銷　　展智文化事業股份有限公司

ISBN　　　978-986-6780-03-5

初版一刷　2007.07.01

定價　　　280元

出版登記　北市業字第1403號

全書圖文未經同意不得轉載和翻印

本書如有缺頁、破損、裝訂錯誤，請寄回本公司更換

國 家 圖 書 館 出 版 品 預 行 編 目 資 料

改造我的牛仔褲

——舊衣變新‧變閃亮‧變小物

施育芃----初版----

台北市：朱雀文化，2007（民96）

面：公分----（Hands 008）

ISBN13碼978-986-6780-03-5

1. 創意　2. 家庭工藝

426.3

{About買書}

＊朱雀文化圖書在北中南各書店及誠品、金石堂、何嘉仁等連鎖書店均有販售，如欲購買本公司圖書，建議你直接
　詢問書店店員，如果書店已售完，請撥本公司經銷商北中南區服務專線洽詢。北區（02）2250-1031 中區（04）
　2312-5048 南區（07）349-7445

＊上博客來網路書店購書（http://www.books.com.tw），可在全省7-ELEVEN取貨付款。

＊至郵局劃撥（戶名：朱雀文化事業有限公司，帳號：19234566），
　掛號寄書不加郵資，4本以下無折扣，5～9本95折，10本以上9折優惠。

＊親自至朱雀文化買書可享9折優惠。

改造我的牛仔褲，改變我的美麗
優惠活動

1. 凡持本書之截角至中國文化大學推廣教育部報名施育芃老師任一「DIY系列」課程者(包含：時尚手工包DIY、服飾改造DIY、時尚飾品配件DIY等課程)，可享學費85折優惠(優惠期限至2008年12月止)

   報名專線: 02-27005858 分機1

2. 將VIP申請表格傳真或郵寄至Color Deco手創時尚工作坊，可獲得一組VIP卡號(將以email以及簡訊方式寄發)，凡以VIP卡號於Color Deco手創時尚工作坊網站購買材料者，可享95折優惠(特價品除外)。

Color Deco手創時尚工作坊
地址：台北市松江路93巷7號3樓之1（伊通公園旁）
電話：(02)2517-8810（聯絡時間：10:00am～6:00pm）
網址：www.colordeco.com

Color Deco手創時尚工作坊　VIP申請表

姓名	性別
生日	室內電話(日)
手機	
Email	
聯絡地址	